(Conserver cette
Couverture)

L'VSAGE

DV

THERMOMETRE.

DANS LEQVEL SONT CON-
tenus plusieurs Exemples qui se peuuent
faire par iceluy, comme de trouuer pre-
mierement les degrez de chaleur & froi-
deur, l'heure du leuer & coucher du
Soleil, l'âge de la Lune, & combien elle
doit luire d'heures & de minuttes toutes
les nuits, en la supputant par l'Epacte
toutes les années: Et le moyen de sçauoir de deux chambres laquelle est la
plus chaude & la plus froide, & si la fié-
vre est augmentée, ou diminuée au malade qui en est atteint, &c.

Cet Instrument & son Vsage se vendent
A PARIS,
Chez CLAVDE DVRAND, ruë Montorgueil, vis-à-vis l'Image S. Claude,
au petit Compas. Chez vn
Espicier, 1664.

L'VSAGE
DV THERMOMETRE.

ET inſtrument ſe nom-
me Thermometre, qui
eſt vn nom compoſé de
deux mots Grecs; & que
l'on peut exprimer en
noſtre Langue, Meſure
chaleur; Il eſt ainſi appellé, pource qu'il
monſtre exactement tous les jours de
combien de chaleur eſt augmentée, ou
diminuée, ou bien ſi elle eſt demeu-
rée au meſme eſtat qu'elle eſtoit au
jour precedant; Il ſert auſſi pour
connoiſtre de pluſieurs Chambres
quelle eſt la plus chaude, & la plus
froide, & à pluſieurs autres vſages,
comme l'on verra par la ſuite de ce
diſcours, Mais d'autant que nous
ne ſçaurions auoir vne parfaite con-
noiſſance de l'vſage des inſtruments

qui font conftruits par l'artifice des Mathematiques , fans connoiftre auparauant les parties dont ils font compofez. Vous deuez remarquer qu'au haut de ce Thermometre , il y a deux cercles qui enuironnent la phiole de verre , le plus grand eft le cercle des fignes du Zodiaque , où ils font tous auec les degrez de trois en trois , chacun des degrez de ce cercle en comprent trois de ceux du Zodiaque : Le plus petit eft le cercle des mois de l'année dont chaque degré comprend trois jours , & quelques fois quatre , comme l'on void par les chiffres qui monftrent le nombre des jours : Au bas il y a trois autres cercles , entre lefquels , ceux qui font aux extremitez marquent les jours de la Lune , & celuy du milieu montre les heures & minutes inegales que la Lune doit luire chaque jour, Entre ces cercles qui font au haut & au bas de ce Thermometre , il y a des chiffres qui monftrent l'heure du leuer du Soleil tous les jours de l'année & cela pour l'eleuation de quarante-neuf degrez ,

telle que nous l'auons à Paris, à peu
pres où le Pole Septentrional est eleué
sur l'horizon de 48. degrez quarante-
cinq minutes: au milieu il y a vn long
canal de verre, dans lequel on doit
mettre de l'eau de couleur, que l'on
void monter quand le temps se rafroi-
dit, & descendre lors que la chaleur
s'augmente, ce qui arriue pource que
l'air de la phiole qui est au haut du
Thermometre venant à se rarefier
par la chaleur, & occuper moins d'espace qu'il ne faisoit auparauant l'eau
monte contre sa nature pour remplir
la place que l'air a quitté, & empes-
cher qui n'y ait quelque chose de vuide
en la nature. De mesme l'air par vn
mouuement contraire, venant à se con-
denser par la chaleur, & à s'estendre,
l'eau descend plus bas ; afin que les di-
mensions de l'eau & de l'air ne se pe-
netrent point de part & d'autre : Prés
du canal est vne ligne diuisée en huict
parties egales, ou degrez, chacunes
desquelles l'est derechef en dix autres
parties, & sert à mesurer la chaleur
par degré, selon que l'eau monte

ou defcend, cette ligne eft ainfi diuifée en huict parties egales, à caufe que les Philofophes donnent huict degrez d'eftenduë aux quatre premieres qualitez, d'où vient que pour exprimer l'exceffiue chaleur de quelque chofe, ils difent qu'elle eft chaude au huictiefme degré, Mais il faut maintenant expliquer l'vfage du Thermometre, dont vous aurez la connoiffance par les fept problémes fuiuants.

I.

Trouuer le lieu du Soleil, au Zodiaque.

Il faut chercher le jour auquel on veut fçauoir le lieu du Soleil, dans le cercle des mois, & vis à vis au cercle des fignes, on trouuera le figne & le degré du Zodiaque, auquel le Soleil eft à ce jour-là. Ainfi au premier jour d'Avril fe trouue que le Soleil eft au douziéme degré du Belier & le premier de Iuillet au 10.e de l'Efcreuice.

II.

Trouuer l'heure du leuer & du coucher du Soleil.

Il faut fçauoir auparauant le lieu du

Soleil au Zodiaque, par le precedant probléme, & l'aller chercher aux nombres qui sont à costé du canal de verre, & s'il ne s'y trouue precisément, il faut prendre celuy qui en approche de plus pres, & on trouuera tout contre l'heure du leuer du Soleil, & vis à vis de l'autre costé du canal de verre, sera l'heure du coucher, par exemple. Le Soleil estant le premier jour d'Avril au 12. degré du Belier, se trouue prés de 12. ces deux nombres. 38. qui monstrent que le Soleil se léue à cinq heures trente-huict minutes, & de l'autre costé vis à vis, il y a 6. 22. & partant le Soleil se couche à 6. heures 22. minutes.

III.

Connoistre la grandeur du iour
& de la nuict.

Cecy n'est qu'vne dependance du precedent probléme, car pour sçauoir la grandeur du jour, il faut doubler l'heure du coucher du Soleil, & pour la grandeur de la nuict, il faut doubler l'heure de son leuer, par exemple : Puisque Soleil se couche le premier jour d'Avril à 6. heures 22. minutes, le jour

durera 12. heures 44. minutes , & fe
leue à 5. heures 48. minutes, la nuict
fera d'vnze heures 16. minutes.

IV.

Sçauoir combien d'heures la Lune doit luire.

Il faut ſçauoir le quantiéme nous te-
nons de la Lune au jour propoſé par l'E-
pacte, ou par quelqu'autre voye que ce
ſoit, & chercher le nombre aux cercles
qui marquent le jour de la Lune, & l'on
trouuera au cercle du milieu le nombre
des heures & minutes inegalles que la
Lune doit luire apres Soleil couché,
quand elle n'a pas encore attaint le 15.
ou bien deuant le leuer du Soleil, lors
qu'elle a paſſé le jour, comme le 25. Mars
de l'année 1647. la Lune eſtant en ſon
20. jour, apres auoir trouué 20. au cercle interieur s'apprend que la Lune
doit luire le 25. Mars auant le Soleil
leué, 8. heures inegales, c'eſt à dire les
deux tiers de la nuict.

V.

Pour faire l'Epacte toutes les années à perpetuité.

L'Epacte eſt vn terme duquel on ſe

sert pour trouuer l'aage ne la Lune,
le nombre de l'Epacte change tous les
ans, en adjouſtant vnze à l'Epacte de
l'année courante pour auoir l'Epacte
de l'année ſuiuante· Exemple : Nous
auons en l'année 1647. 13. pour l'E-
pacte que nous compterons juſques
au dernier Fevrier : auquel nombre
ſera adjouſté 11. qui eſt la difference
de la reuolution annuelle du Soleil à
celuy de la Lune, la ſomme ſera 24. pour
l'Epacte de l'année 1647. maintenant
pour ſçauoir combien la Lune luira la
nuict du 17. au 18. Septembre, il faut
adjouſter l'Epacte qui eſt 24. auec le
quantieſme du mois, qui eſt 17. on au-
ra 41. auquel nombre faut encor adjouſter 7. pour les ſept mois qui ſont
paſſez, depuis le dernier Fevrier, la
ſomme ſera 48. & dautant que ce nombre excede 30. qui eſt la reuolution d'v-
ne Lune, faut oſter le nombre 30. le reſte
ſera 18. pour l'âge de la Lune, partant
ſi l'on regarde au cercle Lunaire qui eſt
au bas du Thermometre, au droict de
l'aage de la Lune ; c'eſt à dire 18. l'on
trouuera au deſſous de ce nombre dans

le second cercle 9. heures 36. minutes
que la Lune luira cette nuict là & ainsi des
autres.

Que si l'on vouloit trouuer quel sera
l'Epacte de l'année 1660. faut adjouster
vnze à l'Epacte de 1659. qui est 7. le nombre sera 18. pour 1660. & 29. pour 1661.
& adjoustant vnze auec le nombre 29. la
somme sera 40. & dautan que ce nombre
excede 30. faut les oster, le reste sera 10.
pour 1662. & 21. pour 1663. & 2. pour
1664. Et 13 pour 1665. Et 24. 1666. Et 5.
1667. Et 16. pour 1668. Et 27. 1669. &c.

VI.

*Pour connoistre exactement de combien la
chaleur est augmentée ou diminuée.*

Il faut auoir remarqué le jour precedent à quel degré estoit l'eau du petit
canal, & puis voir le jour suiuant à la
mesme heure si l'eau est descenduë ou
montée, & de combien ; car sans doute la
chaleur sera diminuée ou augmentée
d'autant de degrez. Comme hier à 8.
heures au matin je pris garde que l'eau
du Thermometre estoit au 15. degré, &

aujourd'huy je l'ay trouuée au 22. ce qui
monftre qu'il fait aujourd'huy bien plus
froid qu'chier.

VII.

Pour trouuer de deux chambres quelle eft la plus chaude & la plus froide.

Il faut mettre le Thermometre en l'vne
desdeux chambres, & l'y laiffer l'efpace
d'vne demie heure ou enuiron, & remarquer à quel degré l'eau s'eft arreftée, &
puis il n'y a qu'à le porter dans l'autre
chambre, & fi l'eau monte ladite chambre fera plus froide, & fi elle defcend elle
fera plus chaude : Mais fi l'eau de meure
au mefme eftat, fans fe hauffer ny s'abaif-
fer, les deux chambres feront egales en
chaleur. Auffi par ce moyen l'on peut
connoiftre la grandeur des fiévres.

VIII.

Pour connoiftre exactement fi la fievre eft aug-mentée ou diminuée.

Il faut faire mettre la main du malade hors du lit enuiron demy quar-
d'heure pour ofter la chaleur qui

pourroit auoir esté causée par le lit puis faire apposer la main du malade sur la boule d'enhaut l'espace d'vn paterno-ster, ou enuiron, & remarquer le lieu où sera descenduë l'eau du canon de ver-re, Et si c'est le matin luy faire remettre le soir comme dessus. Et si l'eau va plus fort la siévre est augmentée, ou si elle va plus lentement elle est diminuée : Et prendre garde à ne pas presser la phiole d'en haut, de peur de casser le canal ou la-dite phiole de verre.

FIN.

A PARRIS,

Chez CLAVDE DVRAND, ruë Montorgueil, vis-à-vis l'Image S. Claude, au petit Compas.

1664.

Auec Priuilége du Roy.

Vers sur les vertus du Ther-
momètre.

PAR vn raison naturelle
　L'eau qu'on voit dans cet instru-
ment
Monte, & se loge entierement
Dedans sa boule qu'and il gelle
Le froid qui fait resserrer l'air,
Cause qu'elle ne peut couler;
La tenant comme suspenduë
Et iamais elle ne descend
Que ce ne soit l'ors qu'elle sent
Que la glace est vn peu fonduë

L'air la fait aller à son gré,
Elle descend quelque degré
Quand la chaleur le faict estendre
Qu'il se serre ou lasche d'vn poinct
Ceste liqueur ne manque point,
Haussant ou baissant de s'y rendre

Lors que le temps est temperé,
Que l'on n'est pas bien assuré
Si le chaud passe la froideure,
Qu'on ne peut dire, oüy ny nom,
Ceste eau qui marche par mesure,
S'arreste au milieu du Canon,

Et quand le chaud à l'aduantage
Elle cherche le bas estage,
Selon qu'il est ou foible ou fort:
Mesme au degré qu'elle se range,
C'est d'où iamais elle ne sort,
Sinon lors que le temps se change

Mais quand le grand chaud est
    venu
Et qu'il faict bon aller tout nu,
Seroit pourtant vne merueille
Qu'elle entrast dans l'autre bouteille,

Elle garde si bien ses loix,
Que iamais elle n'y recule,

Si ce n'eſt que la maiſon brule,
Ou ce petit morceau de bois.

L'vtilité de ceſte marque
Ne rend pas vn homme Monarque :
Ce qu'elle fait à ſon deſtin,
C'eſt de luy monſtrer au matin
S'il doit beaucoup couurir ſes membres,
Ou ne guere charger ſon corps :
Car elle fait voir dans vos chambers
Quel eſt le temps qu'il fait dehors·

Et comme vne pierre de touche,
Monſtre encore comme nos ſens
D'ordinaire ſont impuiſſans
A cognoiſtre ce qui les touche,
Bien que le ſentiment à droict
De iuger du chaud & du froid,
Il a pourtant bien de la peine,
Sans l'aide d'vn tel inſtrument,
A trouuer dans vn logement,
Laquelle chambre eſt la plus ſaine,

En fin, outre cette raison
Qui le rend si considerable,
Le Soleil quittant l'horison
Par vn mouuement admirable
Vous voyez que ceste l'iqueur
Dont ce depart touche le cœur,
A cét instant est coustumiere
De s'esleuer au plus beau lieu,
Pour voir encore la lumiere,
Et comme pour luy dire adieu.

Encore outre cette raison,
Cet instrument tres-admirable,
Comme vn meuble rare & loüable,
Est propre dans vne maison,
Sur tout d'vn pere de familles
Pour voir la chaleur de ses filles,
En le leur faisant manier,
Selon qu'il voit cette eau descendre
Il sçait s'il les faut marier,
Ou si l'on peut encore attendre,

FIN.